献给戴维和埃拉，
这个给孩子的故事就源自
这些孩子的问题。

图书在版编目（CIP）数据

从大爆炸开始 / (荷) 弗洛尔·巴尔著；(比) 塞巴斯蒂安·范多米尼克绘；张涵译. -- 福州：海峡书局，2021.9（2024.5重印）
ISBN 978-7-5567-0841-3

Ⅰ. ①从… Ⅱ. ①弗… ②塞… ③张… Ⅲ. ①“大爆炸”宇宙学－儿童读物 Ⅳ. ①P159.3-49

中国版本图书馆CIP数据核字(2021)第122480号

著作权合同登记号　图字：13-2021-045

出 版 人：林　彬
选题策划：北京浪花朵朵文化传播有限公司
编辑统筹：冉华蓉
特约编辑：王心宇
装帧制造：墨白空间 · 唐志永
出版统筹：吴兴元
责任编辑：廖飞琴 龙文涛
营销推广：ONEBOOK

从大爆炸开始
CONG DABAOZHA KAISHI

著　　者：[荷] 弗洛尔 · 巴尔
绘　　者：[比] 塞巴斯蒂安 · 范多米尼克
译　　者：张　涵
出版发行：海峡书局
地　　址：福州市白马中路15号海峡出版发行集团2楼
邮　　编：350001
印　　刷：天津裕同印刷有限公司
开　　本：965mm × 1194mm 1/16
印　　张：2
字　　数：25千字
版　　次：2021年9月第1版
印　　次：2024年5月第6次
书　　号：ISBN 978-7-5567-0841-3
定　　价：60.00元

读者服务：reader@hinabook.com 188-1142-1266
直销服务：buy@hinabook.com 133-6657-3072
投稿服务：onebook@hinabook.com 133-6631-2326
官方微博：@浪花朵朵童书

浪花朵朵

[荷] 弗洛尔 · 巴尔 著 [比] 塞巴斯蒂安 · 范多米尼克 绘 张涵 译

从大爆炸开始

宇宙、地球和生命的起源

海峡出版发行集团
THE STRAITS PUBLISHING & DIBLISHING GROUP
海峡书局

这就是地球。

我们生活在这颗明亮的蓝色球体上，随着它漂浮在太空中。

我们的星球上挤满了人类、动物和植物。

我们生活在一起，相互依存。

情况并非一直是这样。

很久很久以前，在我们还没有出现时，

什么都没有。

看到了吗？什么都没有。

没有地球，没有天空，没有黑暗，也没有光明。

真的什么都没有吗?

仔细看看，有一个小东西——一粒种子。

它会长成其他的所有东西。

那是一个炽热的小点，整个宇宙都被包裹在里面。

就像这样，这个小小的炽热的点发生了大爆炸，
带来一声巨响。但这不是真正的响声，
周围没有一丝声音。
宇宙一片寂静。

这个点像气泡一样膨胀起来，
但是它的内部仍然空空的。
现在，是时候让宇宙充实起来了。

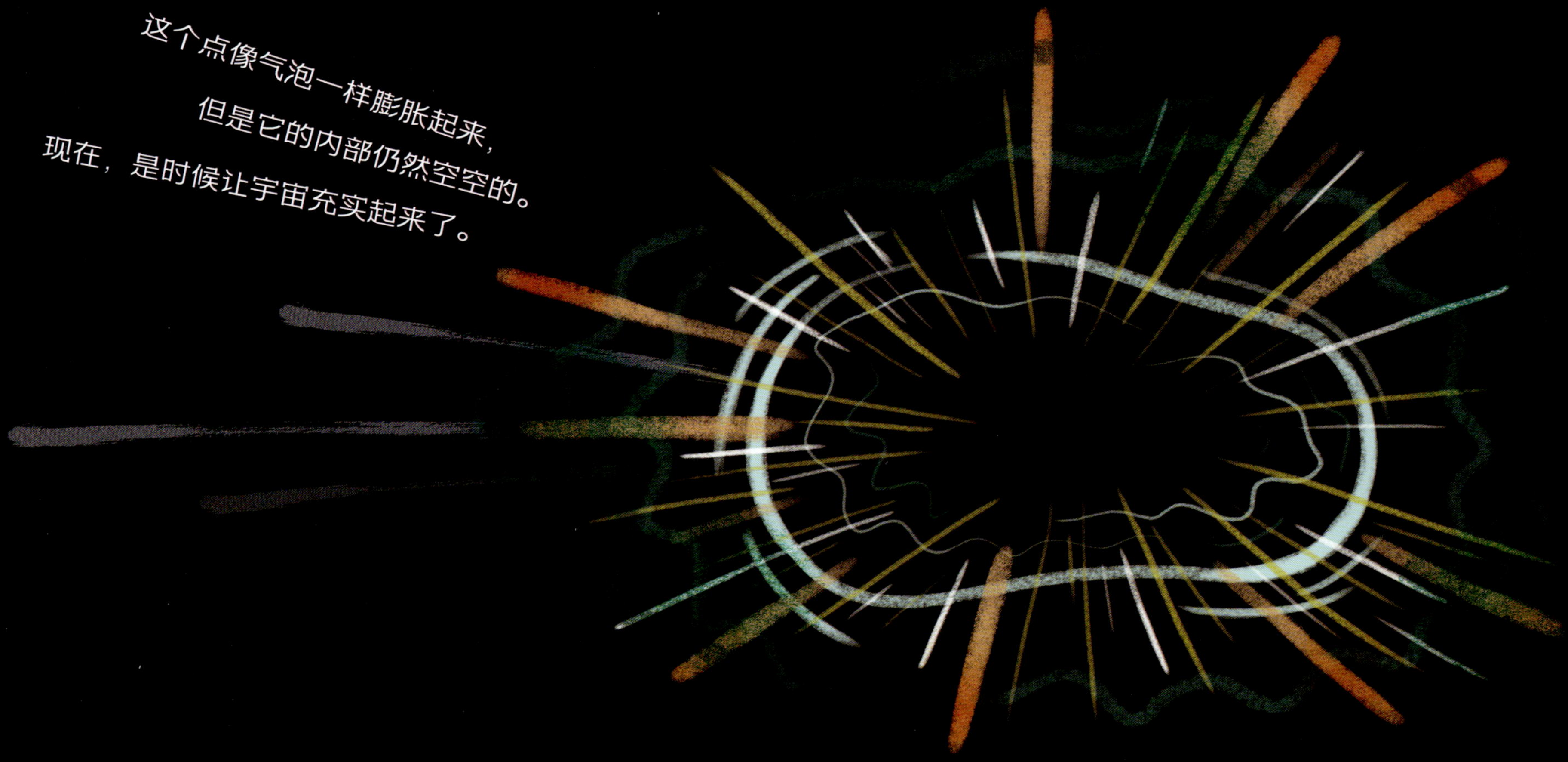

这就是宇宙。

看看这里发生了多少奇迹！

行星、卫星和恒星不断旋转。

没有什么一成不变，一切都在不停地运动。

有时候，恒星甚至会发生爆炸。

爆炸产生了气体和星尘，还有很多冰块和岩石。

它们向各个方向飞去，在太空中漂流。

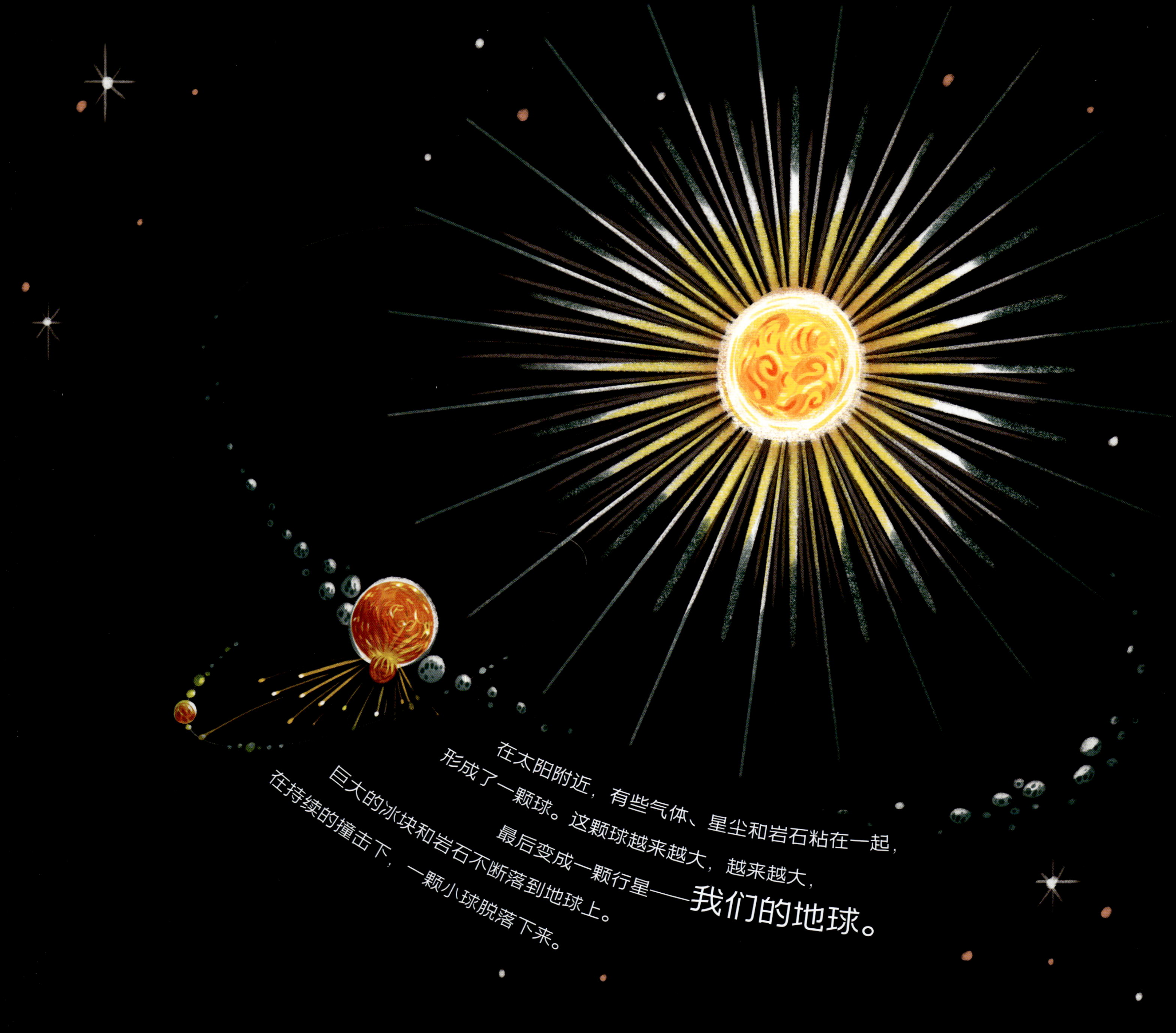

在太阳附近，有些气体、星尘和岩石粘在一起，
形成了一颗球。这颗球越来越大，越来越大，
最后变成一颗行星——我们的地球。

巨大的冰块和岩石不断落到地球上。
在持续的撞击下，一颗小球脱落下来。

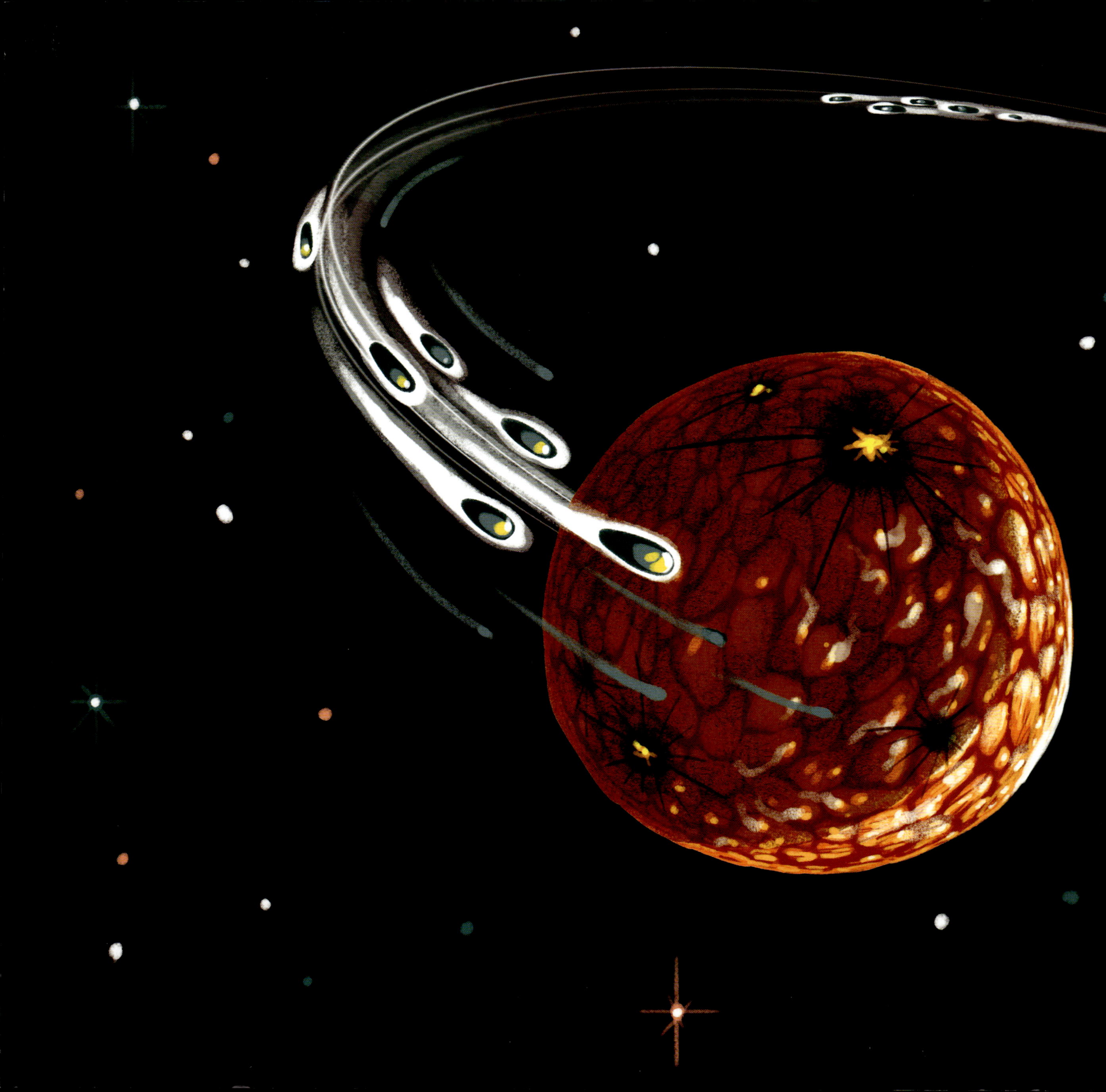

这颗脱落的小球变成了地球的卫星。

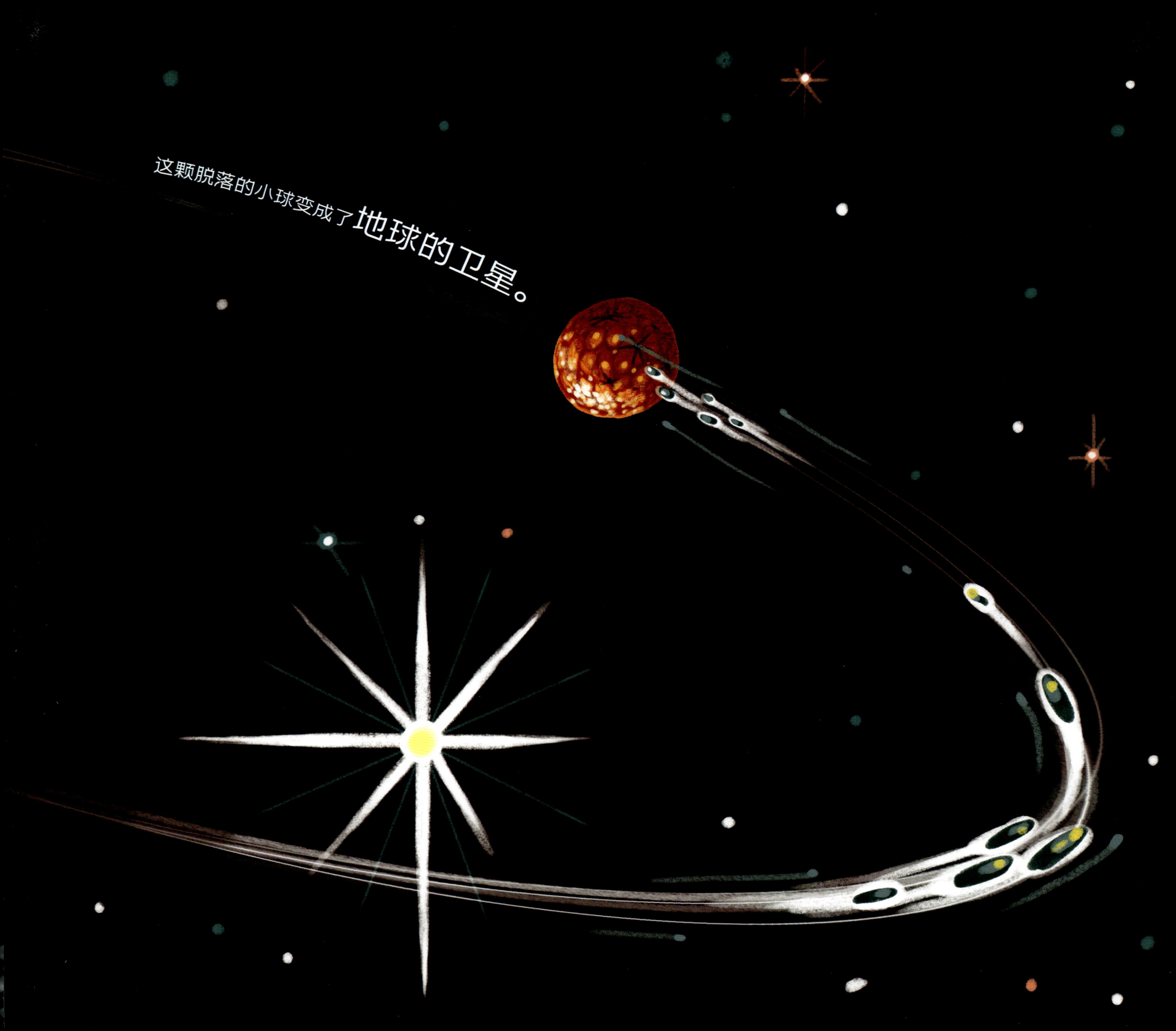

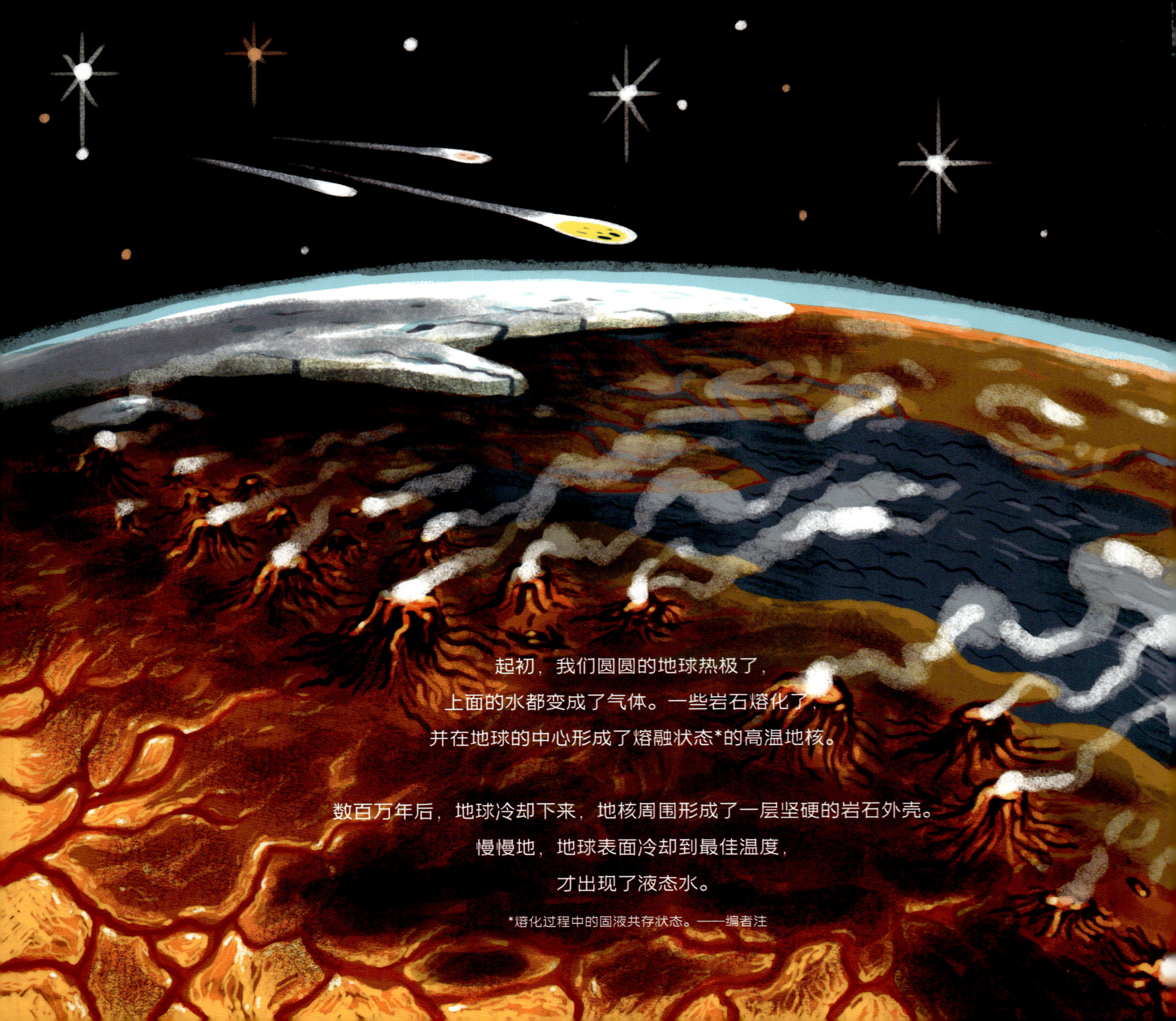

起初，我们圆圆的地球热极了，

上面的水都变成了气体。一些岩石熔化了，

并在地球的中心形成了熔融状态*的高温地核。

数百万年后，地球冷却下来，地核周围形成了一层坚硬的岩石外壳。

慢慢地，地球表面冷却到最佳温度，

才出现了液态水。

*熔化过程中的固液共存状态。——编者注

这颗星球就这样成了我们的地球。

太阳升起，月亮落下。

地面上是时候长出一些东西来了。

这就是地球。

这里有海洋、火山，甚至有待在海底的火山。

其他地方仍然空荡荡的。

水覆盖了地球表面的大部分区域。
强风吹来，巨浪拍打遍布岩石的岛屿。
这可不是适合生命生存的地方。

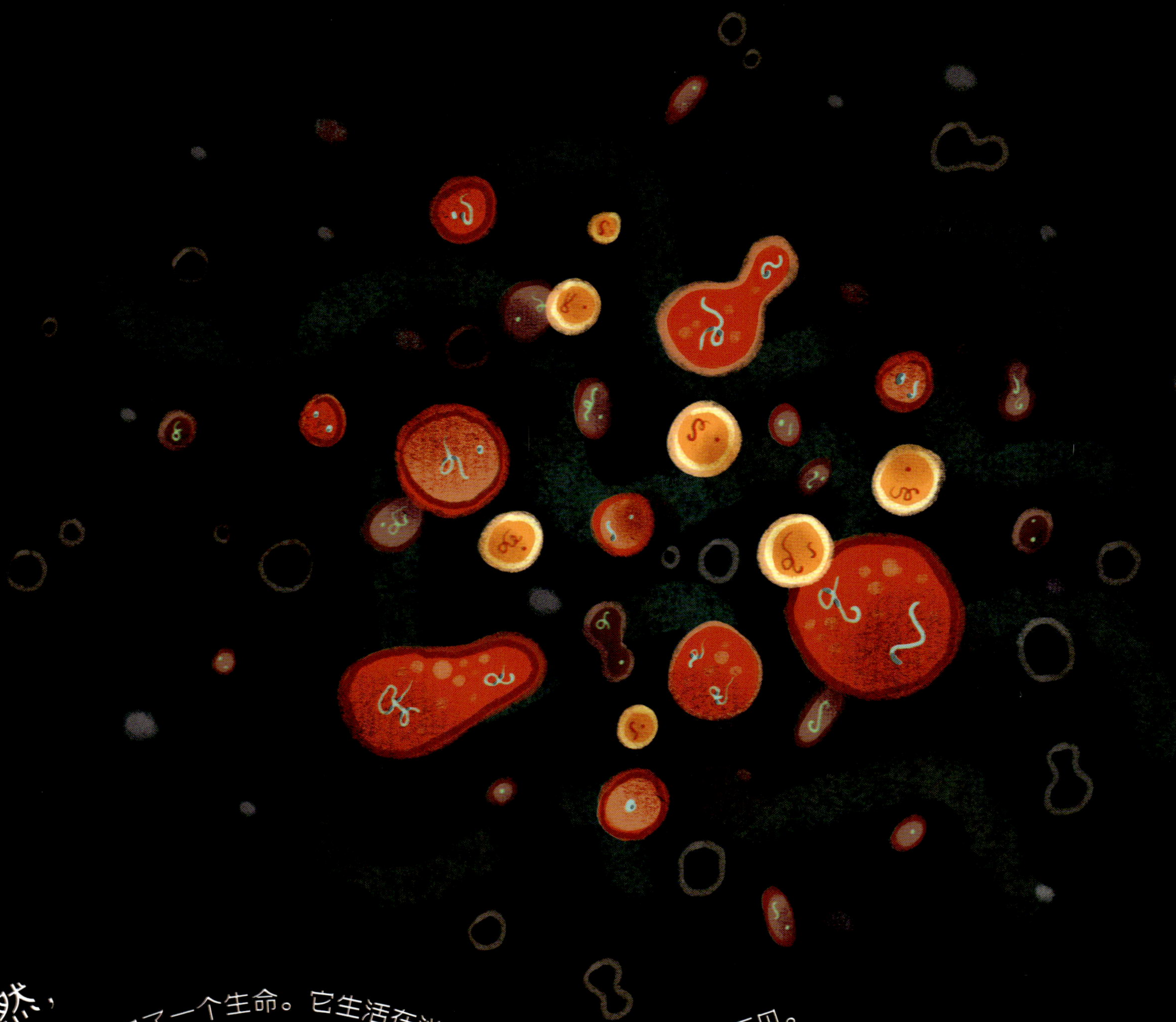

突然，

出现了一个生命。它生活在汹涌的海水中，小到几乎看不见。

它没有头、没有眼睛，也没有腿，但它确实活着。

然后，一个变成两个，两个变成三个，三个变成无数个。

这些小小的生命不断变化，不断适应环境。
它们变成了水中绿色的海藻、海底的海绵和礁石上的苔藓。

地球也在不断变化。
陆地仍然是光秃秃的，
但海洋充满了生机，
而且还会变得更加拥挤……

这就是大洋，一片无边无际的大海。

许多小动物一起生活在这里。

它们都在期望两件事：**吃掉对方，不要被吃掉。**

小鱼有足够的食物，大鱼则会吃掉小鱼。

嗷呜！

有时候，同一条鱼会生出一些特殊的后代：

有些鱼宝宝的嘴特别有力量，有些鱼宝宝的鳍特别强壮，就像腿一样。

这些鱼宝宝非常幸运，可以吃到更多食物，或者能逃跑得更快，避免被吃掉。

这些特殊的后代活得更久，所以它们会生下更多宝宝。

有时候，这些宝宝也有同样的好运气。

它们的寿命更长，它们的后代和后代的宝宝也是这样。

当整个家族都发生了变化时，一个新的物种出现了。

慢慢地，随着一代又一代的繁衍，海洋中的许多动物都发生了变化。有些鱼甚至长出了真正的腿。

海洋拥挤不堪，但陆地仍然空荡荡的。那些长了腿的鱼从水中看到了陆地，它们已经准备好迈出第一步了。

这就是陆地。草木在这里生长，动物在这里繁衍。

有些动物依旧很小，但有些长得很大。

有史以来最大的一类动物——恐龙，诞生了。

恐龙的脚趾就有一整只海龟那么大！

翼龙和蜜蜂在天空中飞翔，

海星和巨大的鲨鱼共享海洋。

天气有时候很热，有时候很冷。

有些地方下雨，有些地方干旱。

无论如何，动物们都找到了食物。

它们吃植物，也吃其他动物。

一切都相互依存。

突然，一块巨大的石头从天而降。

砰！

在这场撞击之后，尘埃形成了巨大的云，并且遮住了太阳。

一切都变得黑暗、冰冷。

几乎没有植物存活下来。

只有一些小动物找到了足够的食物，生存下来。

恐龙就没有那么幸运了——它们的时代结束了。

那么接下来，谁会生活在地球上呢?

这是几百万年后的地球。尘埃散去，阳光再次变得明媚。

树木、草……这片土地又焕发了生机。全新的物种开始在这里生活，其中还包括一种古猿。

有些古猿离开森林，来到了辽阔的草原。在草原上，他们要花费大量时间寻找高处的食物，于是，四肢着地的行走方式变得不那么方便。因此，这些猿慢慢改变行走的方式来适应环境，最终学会了直立行走。

他们吃植物，也吃肉。他们用石头制作打猎用的刀和斧子。他们还会生火，并且会将捕捉到的猎物烤熟。

吃熟肉和努力思考发明工具的方法，使他们的大脑变得更大，于是他们变得更加聪明了。他们的爪子变成了手和脚，大部分体毛都脱落下来。

这些猿非常聪明，能够制订计划、解决问题。
他们甚至学会了说话和绘画。

现在，他们已经成为猿家族中的一个新物种：
人类！一个全新的时代降临了！

这就是新世界。

人类正在忙着建设这里。

他们四处奔波，寻找可以居住的地方，然后安家落户。

他们种植作物，饲养牲畜。

人类一直在学习。他们发明了轮子和车子，坐着车前往更远的地方。他们发明出文字，学习阅读、记录，并且与他人分享自己了解的知识。

经过许多年的探索、发明和建设，人类如今遍布地球。在城市里，他们住得很近；在农场和岛屿上，他们住得很远。在所有地方，他们都在不断建设，道路、桥梁和房屋随处可见。

人类能够做到的事情比他们曾经想象到的还多。
他们挖出了恐龙的骨骼，潜入了海底的最深处，
甚至乘着火箭飞向了月球，还向地球上的人挥手致意。

这是地球，一颗漂浮在太空中的明亮的蓝色球体。
我们生活在这里，相互依存。人类、动物和
植物生活在一起……这一切都开始于那场

大爆炸。